SOCIÉTÉ SCIENTIFIQUE D'ARCACHON

COMPTE-RENDU

ADMINISTRATIF

SOCIÉTÉ SCIENTIFIQUE D'ARCACHON

COMPTE-RENDU

ADMINISTRATIF

POUR L'ANNÉE 1867

Présenté à la séance du 1er mars 1868.

PAR LE

Dr HAMEAU, président

BORDEAUX

IMPRIMERIE EUGÈNE BISSEI, RUE LAFAYETTE, 3.

1868

COMPTE-RENDU

ADMINISTRATIF

MESSIEURS,

Il y a un an que la Société scientifique, après mûr examen des projets qui lui étaient soumis par son Conseil d'administration, décida qu'un emprunt de 45,000 fr. serait opéré dans le but de combler le déficit légué par l'Exposition internationale de 1866 ; de fonder un Musée-Aquarium qui lui permît d'utiliser et d'augmenter ses collections ; et dans le but surtout de rendre aux sciences naturelles, à l'aquiculture et à la pêche, les services qu'elle s'est donné pour mission d'accomplir.

La réalisation totale des 45,000 fr. a été assez laborieuse, comme on l'avait prévu. Néanmoins, dès le 23 février 1867, l'emprunt ayant atteint le chiffre de 20,000 fr., le Conseil n'hésita pas à adjuger les travaux aux ouvriers qui lui offraient les plus grands avantages avec les meilleures garanties. Cette décision fut motivée par la nécessité de presser les constructions et l'aménagement afin de ne pas perdre le bénéfice d'une saison d'été, c'est à dire, une année entière. — Quelques membres de la Société avaient spontanément souscrit pour plusieurs obligations, un grand nombre d'autres pour une seule, et, dans la dernière réunion générale (15 septembre 1867), cent quinze obligations étaient ainsi placées. Un nouvel appel à la bonne volonté fut entendu ; mais, au commencement de celte année, nous nous trouvions en présence d'engagements pris et avec vingt-cinq obligations improductives. Un de nos collègues, M. Léon Lesca, n'a pas voulu laisser la Société dans cet embarras. Il a pris les vingt-cinq obligations, et trois membres du Conseil d'administration se sont portés garants, vis à vis de lui, d'une somme de 7,500 fr. (1).

Le succès de l'emprunt dépendait principalement du zèle des membres de la Société et de la confiance qu'ils inspirent autour d'eux. Dans une sphère plus étendue, leur action étant moindre, il ne faut attendre la réalisation de nos espérances que des services rendus par le Musée-Aquarium **aux** intérêts généraux. On ne saurait douter que chaque année ne donne à notre œuvre une portée plus grande et mieux reconnue, et que les subventions ne deviennent de plus en plus importantes. — De ce côté, nous avons eu de hautes satisfactions et quelques mécomptes. Son Exc. M. le Ministre de l'Agriculture, du Commerce et des Travaux publics, nous a alloué uue somme de 2,000 fr.; le Conseil général de la Gironde, sur la proposition bienveillante de M. le Préfet de la Gironde et après un chaleureux rapport de M. le sénateur Hubert-Delisle, a inscrit la Société scientifique pour une allocation de 3,000 fr. en deux annuités. — Mais la commune d'Arcachon et la Compagnie du Midi n'ont pas répondu à notre demande.

Si vous voulez bien vous rappeler, Messieurs, dans quelles circonstances cette attitude a été prise à notre égard, vous garderez la confiance d'années meilleures pour les œuvres désintéressées et d'utilité au pays. (*V. Délibér. de la Société scientifique du 7 juillet 1867.*)

---

(1) M. Léon Lesca, 27 obligations ; M. Gravelier, 10; M. Morton, 5; MM. Nat. Johnston, Célérier, John Durand, Baleste-Marichon, O. Dejean, Rougier, Méran, Lamarque de Plaisance, Hameau, 4 obligations.

Nous en pourrions dire autant d'une concurrence qui a réussi à faire descendre nos recettes de la porte au-dessous des prévisions budgétaires. Malgré tout, nous avons reçu plus de 8,000 visites payantes, et il ne faut pas oublier que le titre de Sociétaire et que chaque obligation donne le droit d'entrée ; que nous avons librement admis toutes les personnes qui ont voulu se livrer à l'étude ou à l'expérimentation, et celles que leur position éminente ou leur dévouement aux intérêts de la Société signalaient à notre attention ou à notre reconnaissance. Avant tout l'œuvre que nous poursuivons est scientifique et pratique ; elle est sérieuse et utile. Nous ne saurions l'oublier.

La troisième source de revenus est dans l'apport des sociétaires eux-mêmes. Les cotisations et les droits d'admission ont atteint le chiffre 2,313 fr. 95 c., bien supérieur à nos prévisions, parce que nous n'avions pas osé traduire en chiffres l'espoir que nous donnaient déjà, il y a un an, de nombreuses et honorables sympathies.

Nous avons eu le regret de perdre l'un des membres fondateurs les plus aimés et les plus dévoués, M. Hovy, qui a succombé à une longue maladie. — Quatre personnes ont donné leur démission : MM. X. Mouls, J. Dubos, Gaussens et A. Gérard. — Dix-sept associés nouveaux ont été admis comme membres titulaires et cinq comme membres honoraires. La liste totale est donc aujourd'hui de 82 titulaires et de 14 honoraires, et ces chiffres ont leur éloquence si on les compare à l'importance du milieu dans lequel fonctionne la Société. Ils en prendraient une plus grande encore s'il nous etait loisible d'en dire la qualité.

C'est encore à un sentiment d'encourageante sympathie que nous devons une somme de 2,214 fr. 65 c., provenant, en partie, de l'abandon du 20 p. 100 des souscriptions de l'Exposition et des frais de jury, par un grand nombre de nos collègues ou des amis de notre œuvre.

Diverses petites sommes ont été laissées à titre de don dans la caisse de la Société. M. Javal, député au Corps législatif et grand propriétaire dans nos contrées, a donné 100 fr.

Au total, les recettes de l'exercice de 1867, en y comprenant les sommes à recouvrer ou recouvrées depuis le 1er janvier, montent à 56,981 fr. 40 c., c'est à dire à 4,598 fr. de moins que les prévisions du budget. Vous savez maintenant où l'on doit chercher les causes de cette différence.

Mais la plus grande prudence a inspiré vos administrateurs, et, dans la perspective des chances les plus défavorables, ils n'ont pas cessé de réduire les dépenses au strict nécessaire.

La construction fut commencée dans les meilleures conditions : un marché passé dès les premiers jours avec M. Gravelier, l'entrepreneur des bâtiments de l'Exposition d'Arcachon, a permis d'acheter à bon compte des bois tout rendus et utilisés sans trop de travail. La surveillance des travaux fut confiée à notre collègue M. Blanc, dont le zèle et l'activité méritent un témoignage de satisfaction. — Nous avons laissé inachevé le logement destiné au Directeur parce que le dévouement désintéressé et inappréciable de notre honoré collègue, M. Lamarque de Plaisance, suppléé lui-même, pendant quelque temps, par MM. O. Dejean et Méran, nous a permis de réaliser sur ces travaux et sur les émoluments du personnel, une économie considérable, sans que le service fût en souffrance. C'est ainsi que le chapitre des constructions s'élève à la somme de 38,252 fr. 55 c., au lieu de 40,000, et que celui du personnel est de 2,742 fr. 35, au lieu de 5,300. — Nous savons, par l'expérience acquise, que, sous une bonne direction, il suffira d'un concierge employé-chef, de deux surveillants et d'une femme pour le service du compteur, du musée, de l'aquarium et de la pompe, du moins en temps ordinaire. Ce qui portera à 3,450 fr. environ, par an, les frais du personnel, tant que nous aurons la bonne fortune de posséder un excellent Directeur, sans bourse délier.

L'entretien du Musée, de l'Aquarium, de la Bibliothèque et de l'Observatoire météorologique a demandé une somme de

1,385 fr., un peu inférieure au crédit ouvert. Cependant, nous considérons ce chapitre comme très important; car, si nous ne dépensons qu'avec une extrême parcimonie de petites sommes pour l'achat d'objets utiles et curieux, mais exotiques, nous recherchons avec empressement tout ce qui est d'intérêt local, et au besoin nous y mettons le prix. Vous verrez dans nos salles des objets d'histoire naturelle acquis sur ce crédit, et notamment les intéressants squelettes du phoque mort dans nos bassins et du dauphin *(Phocœna griseus)* échoué sur la côte.

L'amortissement de l'emprunt s'est effectué avec la plus grande régularité, ainsi que le paiement des coupons de rente. Les n°ˢ 67, 74, 114, 141, 149, sortis de l'urne, ont été remboursés. — Si vous remarquez que le chiffre de 2,812 fr. 50 c. est inférieur aux prévisions (3,187 fr. 50 c.), cela tient à ce que bon nombre d'obligations prises tardivement n'ont pas joui des intérêts au 31 décembre.

Le Chapitre VII comprenant les frais de bureau, la publicité, le chauffage et l'éclairage, est le seul où la dépense ait égalé, à quelques francs près, les prévisions budgétaires. Cela ne surprendra pas si l'on veut bien se rappeler la rigueur de l'hiver, la nécessité de faire connaître un établissement nouveau et de pourvoir à tous les menus frais d'un bureau qui s'installe.

Le total des dépenses payées ou à payer, sur l'exercice de 1867, est de 56,018 fr. 60 c.

Nos comptes se soldent donc par un excédant de recettes de 962 fr. 80 c.

Un tel résultat, après les travaux exécutés pendant l'année et malgré les imprévus d'une installation sans précédents, ne pourra manquer, Messieurs, de vous satisfaire.

Permettez-moi maintenant de faire passer rapidement sous vos yeux les services rendus, en 1867, par notre Société, dont la gloire sera toujours d'avoir créé pour les hommes d'étude un champ toujours ouvert à leurs investigations.

Les salles du Musée ont été meublées de vitrines qui renferment : — la collection à peu près complète des mollusques du bassin et de la côte d'Arcachon, classés avec un soin persévérant par notre collègue M. Alex. Lafont ; — un grand nombre de crustacés et de poissons de la même région ; — quelques poissons, crustacés et mollusques étrangers ; les mollusques d'eau douce de la Gironde ; — des séries d'œufs, de nessaims et de poissons obtenus par la pisciculture dans les principaux établissements publics ou privés de la France ; — les coquillages fossiles du diluvium des Landes ; — des collections minéralogiques du Sud-Ouest et principalement des Pyrénées ; — la collection des marbres de la même région ; — des oiseaux aquatiques et des ophidiens de la Gironde et de l'étranger ; — des appareils de pisciculture et de pêche provenant de l'Exposition de 1866 ou de dons faits par nos marins ; — un grand nombre d'instruments en silex de l'âge préhistorique, avec des débris d'animaux et une brèche de la caverne des Eyzies (Périgord), don de M. Lartet, l'illustre paléontologue.

Les oiseaux du pays, habilement préparés par deux dames qui sont nos collègues, seront bientôt assez nombreux pour occuper une vitrine spéciale.

La bibliothèque n'est pas très riche encore. Pourtant, elle renferme plus de 700 volumes ou brochures catalogués, et je citerai parmi les principaux auteurs ou donataires, MM. de Quatrefages, Ch. de Moulins, P. Bert, Fischer, Couch, Lamarque de Plaisance, Fillioux, O. Dejean, de Mortillet.

Parmi les principaux donataires de collections je mentionnerai, avec reconnaissance : MM. Ch. de Moulins, E. Laporte, Fourcade, capitaine Dutruch, A. Gérard, Gassies, A. Gièse, Caspary, Léon Géruzet, Pélix, capitaine Legallais, Duperrel, sans compter MM. A. Lafont et Fillioux, qui sont les fouilleurs ordinaires de nos côtes.

Chaque jour voit s'accroître nos richesses scientifiques et il ne tient qu'à nous d'avoir doté, en quelques années, Arcachon d'un Musée et d'une bibliothèque très importants dans leur spécialité.

Le plus grand service rendu à la science et à l'aquiculture marine est certainement l'installation définitive et permanente de l'Aquarium et des Bassins extérieurs. Le laboratoire, au centre duquel vous aurez remarqué la belle table en ardoises donnée par M. Léon Géruzet, de Bigorre, sera amélioré. Il devient déjà insuffisant pour les travaux minutieux de l'anatomie et de la physiologie. Vous dire cependant que MM. de Quatrefages *(de l'Institut)*, Paul Bert *(chargé de cours au Museum)*, Lespès *(professeur à la Faculté de Marseille)*, Fischer et Chéron ont mis à profit, pendant quelques mois, le laboratoire et l'Aquarium, pour leurs recherches, c'est vous faire savoir, Messieurs, que notre établissement a définitivement conquis la consécration scientifique et qu'il a pris rang parmi les plus utiles.

Nous en avons reçu d'éclatants témoignages : l'Association scientifique de France, présidée par M. le sénateur Le Verrier, nous a envoyé un puissant microscope propre aux plus fines études histologiques, et M. le professeur Milne-Edwards a bien voulu le choisir lui-même. Dans un des bacs de l'Aquarium on peut voir une dizaine d'Axolotls venus des lacs du Mexique et donnés par M. Duméril, du Museum de Paris.

Par les dons, par les échanges, par les pêches fréquentes que nous faisons exécuter dans le bassin d'Arcachon, et surtout, disons-le hautement, par les facilités que nous trouvons dans le concours obligeant de M. Bérar, commandant du stationnaire, et de MM. Johnston, Castillon, Léon Van den Boossche, Suret, armateurs de pêche, il a été possible d'entretenir notre Aquarium de sujets intéressants pendant toute l'année. — Ce succès, moins facile qu'on ne suppose, est important; car les visiteurs trouvent toujours ici un attrait, et les observateurs peuvent suivre sans interruption, l'évolution des espèces qui s'acclimatent dans ce milieu confiné.

Sans grande dépense de combustible, nous avons pu tenir la température de l'eau des bacs à un minimum de 5° pendant les froids les plus rudes. Quelques espèces ont succombé ; le plus grand nombre a résisté. Le phoque, abrité des vents de Nord et d'Est par une fermeture en planches, a grandi et engraissé pendant cette période, à la grande satisfaction de ses nombreux admirateurs.

Prochainement, à la montée des poissons dans la baie, nous espérons instituer utilement des expériences sur le mode et les conditions de reproduction de certaines espèces. Avec de la persévérance, on devra obtenir pour l'aquiculture marine les résultats obtenus pour la culture des eaux douces. La Société scientifique y contribuera pour sa part ; car, dégagée bientôt des préoccupations administratives par lesquelles elle a dû passer pour se constituer et créer son indispensable Établissement, elle marchera plus sûrement dans sa vraie voie : la recherche des lois naturelles qui régissent le monde vivant de la mer et de leur application à la pisciculture et à la pêche.

Quelques-uns de nos sociétaires ont publié, cette année, des travaux importants exécutés ici-même. M. P. Bert (*Note sur l'Amphioxus lanceolatus; — Note sur la mort des poissons d'eau de mer, dans l'eau douce ; — Note sur les Holothuries*) ; M. Fischer (*Monographie du genre Ziphius; — Notes sur la Sœpia officinalis*). D'autres ont fait des découvertes intéressantes, mais qu'ils n'ont pas encore livrées à la publicité (Chéron, A. Lafont).

L'Académie des Sciences, Belles-Lettres et Arts de Bordeaux, dont nous comptons plusieurs membres parmi nos collègues, a annoncé un prix pour la découverte la plus importante faite sur les animaux inférieurs, dans l'Aquarium de la Société scientifique d'Arcachon.

Vous parlerai-je des causeries scientifiques qui se sont succédé de semaine en semaine pendant la grande saison de nos bains et ont toujours attiré un public d'élite? Vous savez bien quel a été leur succès! Mais nous ne saurions passer sous silence les noms de MM. P. Bert, Fischer, Chéron, Lespès, A. Lafont et Micé, dont le talent a été mis si utilement à contribution et a été si chaudement applaudi par l'auditoire.

Les observations météorologiques sont recueillies régulièrement dans la Forêt, et envoyées à l'Observatoire impérial et à l'*Union médicale de la Gironde*, qui les publie tous les mois. Tous les mois aussi le *Journal d'Arcachon* donne le tableau de nos observations, et nous en faisons faire un tirage à part pour répondre aux fréquentes demandes d'échange ou de renseignements qui nous sont adressés. A cela ne se bornera pas, pour la Société, l'utilité du *Journal d'Arcachon*. Je crois pouvoir assurer qu'il sera toujours ouvert aux communications que la Société voudra bien lui adresser, et ce sera, pour nous, comme un *Bulletin,* en même temps qu'un courtois patronage.

Après m'être entretenu avec vous de notre chère Société, j'aurai bien désiré, Messieurs, n'avoir pas à vous parler de moi. Il m'est impossible de vous taire cependant que S. M. la Reine d'Espagne a conféré à votre Président le titre et les insignes de Chevalier de l'ordre de Charles III, comme gracieux témoignage de reconnaissance pour l'acceuil fait par la Société scientifique d'Arcachon aux exposants Espagnols et à la Commission royale déléguée à l'Exposition internationale de Pêche et d'Aquiculture de 1866. Ce sont les termes mêmes de la lettre du Président de la Commission permanente des Pêches près le ministère de la marine d'Espagne. Ils font trop bien remonter jusqu'à vous l'honneur de la distinction décernée à votre représentant pour que je ne me sois pas fait un devoir en même temps qu'un plaisir de les rapporter ici.

État des Recettes et des Dépenses de l'exercice 1867

(Du 4 février 1867 au 1er mars 1868).

RECETTES.	Au 31 décembre 1867.	RECOUVRÉ au 1er mars 1868.	RESTE à recouvrer.	TOTAL.
I. — Emprunt.....................F.	34,500 »	9,000 »	1,500 »	45,000 »
II. — Cotisations et admissions....	2,313 95	» »	» »	2,313 95
III. — Subventions (commune et département)........................	600 »	» »	» »	600 »
IV. — Subvention de l'État..........	2,000 »	» »	» »	2,000 »
V. — Solde en caisse de 1866 et 20 0⟋0 et Jury......................	2,214 65	» »	» »	2,214 65
VI. — Dons........................	276 30	» »	» »	276 30
VII. — Produit des entrées............	4,576 50	» »	» »	4,576 50
VIII. — Intérêts des fonds placés.....	» »	» »	» »	» »
	46,481 40	10,500 »		56,981 40

DÉPENSES.	SOLDÉ au 31 décemb. 1868.	SOLDÉ au 1er mars.	RESTE dû.	TOTAL.
I. — Solde de l'Exposition.	9,801 05	» »	» »	» »
II. — Amortissement et intérêts de l'emprunt......................	1,650 »	600 »	562 50	2,812 50
III. — Construction et frais de premier établissement.............	29,302 55	» »	8,950 »	38,252 55
IV. — Personnel....................	2,742 35	» »	» »	2,742 35
V. — Entretien des bâtiments......	81 85	» »	» »	81 85
VI. — Entretien du Musée, Bibliothèque, Aquarium et Observatoire......................	1,385 10	» »	» »	1,385 10
VII. — Frais de bureau, de publicité, chauffage...................	798 05	» »	» »	798 05
VIII. — Dépenses imprévues...........	145 15	» »	» »	145 15
	45,906 10	10,112 50		56,018 60
Excédant de recettes.............F.	577 30	387 50		962 80

www.ingramcontent.com/pod-product-compliance
Lightning Source LLC
LaVergne TN
LVHW021623170726
843501LV00010B/4134